版权所有　侵权必究

图书在版编目（CIP）数据

丛林动物 / 瑾蔚编著. -- 长春：北方妇女儿童出版社，2023.8（2024.8 重印）

（动物神秘事件簿）

ISBN 978-7-5585-7389-7

Ⅰ. ①丛… Ⅱ. ①瑾… Ⅲ. ①动物—儿童读物 Ⅳ. ①Q95-49

中国国家版本馆 CIP 数据核字（2023）第 036234 号

动物神秘事件簿——丛林动物
DONGWU SHENMI SHIJIAN BU——CONGLIN DONGWU

出 版 人	师晓晖
策 划 人	陶　然
责任编辑	曲长军　庞婧媛
开　　本	889mm×1194mm　1/16
印　　张	4
字　　数	80 千字
版　　次	2023 年 8 月第 1 版
印　　次	2024 年 8 月第 2 次印刷
印　　刷	长春人民印业有限公司
出　　版	北方妇女儿童出版社
发　　行	北方妇女儿童出版社
地　　址	长春市福祉大路 5788 号
电　　话	总编办 0431-81629600
	发行科 0431-81629633

定　　价　22.80 元

前言

在茂密的丛林中,生活着许许多多的动物,它们构成了一个生机勃勃的动物王国。这些丛林动物各有各的生活方式:老虎是丛林之王,性格孤僻,喜欢独自生活;狼过着团体生活,拥有团结的家族;豪猪满身尖刺,能将敌人扎成刺猬;臭鼬是"放屁大王",谁也忍受不了它的"毒气弹";还有体形巨大的棕熊、聪明的猩猩、会飞的蝙蝠、张着大嘴的巨嘴鸟……除了这些,丛林中还有很多神奇、有趣的动物呢!想认识它们,了解它们的秘密吗?赶快翻开这本书吧!本书文字浅显易懂、图片精美生动,集知识性和趣味性于一体,能够产生强烈吸引力,让我们在轻松愉悦的氛围中了解各种丛林动物。

目录

 02 老虎

 16 狐狸

 04 美洲虎

 18 貉

 06 美洲狮

 20 松鼠

 08 猞猁

 22 豪猪

 10 豹猫

 24 鼯鼠

 12 狼

 26 河狸

 14 豺

 28 刺猬

 30 臭鼬

 32 梅花鹿

 34 貘

 36 棕熊

 38 浣熊

 40 狒狒

 42 猩猩

 44 长臂猿

 46 鼯猴

 48 蝙蝠

 50 猫头鹰

 52 巨嘴鸟

 54 啄木鸟

 56 鹦鹉

丛林动物

丛林里有许许多多树木，以及各种花花草草，它们一同为动物们建造了一个美好的家园。这里有广阔的空间、充足的食物，可以满足动物们的各种需求。

各种各样的动物

丛林里的动物非常多，它们有的吃肉，如老虎、狼；有的吃素，如大象、梅花鹿；有的在地上跑，如美洲虎、狐狸；有的能下水，如河狸、浣熊；有的住在树上，如猩猩、长臂猿；有的能在空中飞，如蝙蝠、巨嘴鸟。

动物小档案

名称：老虎
体长：2~3 米
分类：哺乳纲—食肉目—猫科
栖息地：亚洲丛林
食物：各种丛林动物
天敌：无

老虎

说到丛林动物，我想没有谁敢和我一较高下，争夺王者称号！没错！我就是老虎，无可争议的丛林之王。

给大家看看我是如何捕猎的吧！

每天晨昏时分，我总是踱着步子独自在丛林中四处游荡，寻找野猪、野鹿等猎物，它们是我最爱吃的食物。

杀死猎物后，我会把猎物拖到一个隐秘的地方。我可不是怕有谁来抢我的食物，只是不想在享用美餐的时候，受到打扰罢了。

猎物们都很警惕，我需要低着身子，借着灌木丛作掩护，才能悄悄靠近它们。等觉得有把握了，我才会猛地跳出来，扑向猎物。

老虎说：

猴子和鸟身上没有多少肉，也不好抓，我一般对它们不感兴趣。不过，有时候太饿了，我也不介意将它们吃进肚子里。

美洲虎

动物小档案

名称：美洲虎
体长：1.8~2.8 米
分类：哺乳纲—食肉目—猫科
栖息地：美洲丛林
食物：鱼、鹿、野猪、鳄鱼等
天敌：无

老虎说自己是丛林之王，我是服气的，因为我确实打不过它。不过，它生活在亚洲，我们一辈子也遇不到。所以，美洲丛林一直是我的天下。

两个名字

有的动物叫我美洲虎，有的叫我美洲豹。我有这两个名字，是因为我身上的花纹和豹的很像，而体形和老虎很接近。但细看还是很好区分的。

美洲丛林我"最大"

我生活在热带丛林中，那里有许许多多的动物，它们都是我的食物。不过，我很"博爱"，不偏好哪一种动物，只要遇到的，基本上都会捉住吃掉。

我可不是说大话，要知道游泳、攀缘、奔跑和爬树，都是我很在行的。而且我是这里最大的"大猫"。所以，不管是水里的鱼、树上的猴子，还是地上的野猪，我都能捕捉到。

老虎说：

美洲虎是不是我的远房亲戚呢？听说它很厉害，称霸美洲丛林，不知道我这个"丛林之王"比如何，有机会我一定要找它较量一番。

美洲狮

动物小档案

- **名称**：美洲狮
- **体长**：约 1.3 米
- **分类**：哺乳纲—食肉目—猫科
- **栖息地**：亚洲丛林
- **食物**：各种丛林动物
- **天敌**：无

美洲虎的厉害，我曾经见识过。和它相比，我虽然略有不及，但也是一方霸主。当然，我是在成长过程中经历了很多磨炼，才有如今的地位的。

我的童年时光

我出生不久，爸爸就离开了我和妈妈，但这段时光是我一生最惬意的。那时，我什么也不懂，什么也不用担心，每天除了吃奶，大部分时间都在呼呼大睡。

一岁时，我已经长大了不少，敢走出洞穴，张望外面的世界。但我还不够强壮，食物、温暖和安全仍需要妈妈来提供。

三岁时，妈妈已经将它所有的本领都教给了我，我也在捕猎时向它展示了所学。此时，我就要离开妈妈，开始独自生活，建立自己的小家庭了。

老虎说：

美洲狮的名号，我是听过的。据说，它的身手十分敏捷，喜欢在树上活动，很擅长跳跃，轻轻一跃就是八九米远，比我都要强一些。

猞猁

动物小档案
- 名称：猞猁
- 体长：0.8~1.3 米
- 分类：哺乳纲—食肉目—猫科
- 栖息地：欧洲和亚洲北部丛林
- 食物：鼠类、野兔等
- 天敌：老虎、豹、熊等

我没有美洲虎高大，也没有美洲狮凶猛，但抵抗严寒的本领比它们都要强。因此，在寒冷的北方丛林里，我要比它们生活得更自在。

冬天时，北方丛林地区冷风呼啸、白雪飘飘，气候极其寒冷，很多动物都不喜欢这里，不过我很适应，也很享受这里的气候。

饿肚子对我影响不大，因为我很能忍饥挨饿。只要我耐下心来，在猎物经常路过的地方静卧几天，就一定能等到猎物，并出其不意地将其捉住。

这里真的太冷了，居住的动物实在不多，因此尽管我是这里最厉害、最敏捷的捕猎高手，但也经常空手而归，不得不饿着肚子。

老虎说：

猞猁的行动实在太敏捷了，爬树本领还特别强，我想要抓住它可不容易。不过，它要是放松警惕了，我一定会趁机将它抓住的。

动物小档案

名称：豹猫
体长：0.3~0.9 米
分类：哺乳纲—食肉目—猫科
栖息地：北半球丛林
食物：啮齿类、鸟类、鱼类等
天敌：老虎、美洲虎等

豹猫

和老虎、猞猁等相比，我的个性要低调得多，但这不表示我能力不够。其实，我也是很凶很厉害的，不管是对付小动物还是敌人都很有一套。

如何对付小动物

我身上长满了褐色的斑纹，可以非常隐蔽地匍匐在灌木中或阴暗处。我静静地等候，一旦有野鸡落到地面，或者老鼠、野兔从身旁经过，就会发起袭击。

如何对付敌人？

我长得和猫咪差不多，动作十分轻巧，很擅长奔跑和跳跃，还有一身高超的爬树登高本领，这些常常让追击我的敌人一筹莫展、望树兴叹。

如果遇到险情，我就会缩起身体，把背拱起，同时龇牙咧嘴，发出带有危险性的吼声，展示出小猛兽的狰狞，告诉敌人我不是好欺负的。

老虎说：

豹猫这个家伙还真不能小瞧！它虽然长得小，可行动非常敏捷，我刚才抓它的时候，它一溜烟儿跑到树上逃跑了。没办法，我只好继续饿肚子了！

动物小档案

名称：狼
体长：1~1.4 米
分类：哺乳纲—食肉目—犬科
栖息地：北半球山地丛林
食物：鹿、羚羊、兔等
天敌：老虎

狼

老虎、美洲虎等都很厉害，但我们狼对它们并不十分惧怕，因为我们非常团结，总是成群出动，对付独行的老虎、美洲虎不算太吃力。

家庭生活

我的家族一般有七八个成员，领头的是我的父亲。它可强壮了，还很有威严，常带领妈妈，还有叔叔、阿姨追捕猎物。

我和兄弟姐妹们还小，只能躲在洞穴里，等着长辈们把美味的食物带回来给我们吃。妈妈和阿姨们很贴心，会轮流抚育我们。

休息的时候，爸爸总是躺在我旁边。它说，等我长大了，可以留在家里照顾弟弟妹妹，也可以出去看看外面的世界，闯一片自己的天地。

老虎说： 狼虽然瘦小了点儿，但也很厉害，还总是成群出没，我可不想轻易招惹它们。不过，它们要是胆敢进入我的地盘，我是不会轻易放过的。

动物小档案

名称：豺
体长：约1米
分类：哺乳纲—食肉目—犬科
栖息地：亚洲南部丛林
食物：鹿、麂、山羊等
天敌：老虎等

豺

狼总是说自己怎么怎么团结，在我看来，这些都只是吹嘘而已，因为我们豺是集体主义始终不渝的实践者。

我们是如何发挥集体力量的？

一遇到猎物，我们之中的一员就会立刻上前连哄带吓将它拖住，不让它逃跑。之后，其他成员立刻从两侧包抄，堵住去路，再举起利爪，将它杀死。

我们可不只是"武夫"，论才智也是不逞多让的。比如，我们在捕杀野牛时，会给它"跳舞"，还会在它屁股上抓痒，让它既高兴又舒服，然后趁机下手。

其实，对付小动物不算本事，真本事是敢"虎口夺食"。当然，我们单打独斗不是老虎的对手，但猛虎也怕豺多。在我们穷追不舍下，老虎也会被活活咬死。

老虎说：

豺那些家伙，虽然实力不怎么样，可架不住数量太多，上次和它们打架我就被围攻了，还吃了一些亏，所以我可不想再遇到它们了。

狐狸

动物小档案

名称：狐狸

体长：约 0.7 米

分类：哺乳纲—食肉目—犬科

栖息地：世界各地的丛林、草原

食物：老鼠、野兔、小鸟等

天敌：老虎、狼、熊等

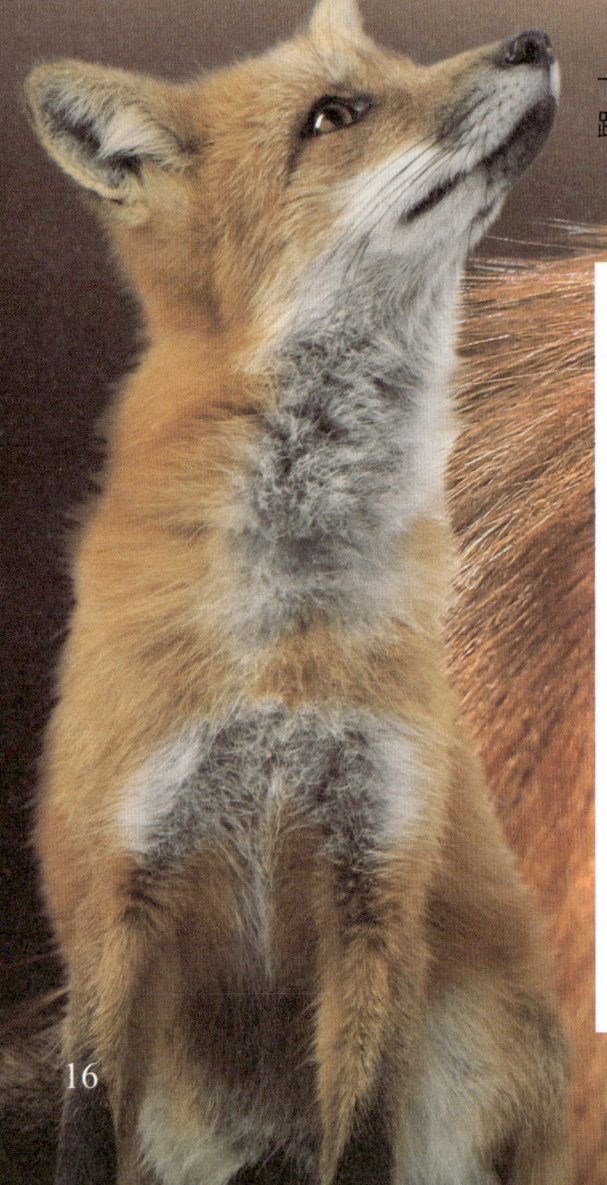

和豹比谁更厉害，我甘拜下风；但要比谁更聪明，整个丛林也找不出几个能胜过我的，我可是以才智闻名于世的！

我是如何运用才智的

老鼠、兔子等小动物行动很快，还有洞穴藏身，我直接冲上去，很难抓到它们。不过，我可以做出一些古怪的动作，吸引它们，让它们放松警惕，然后出其不意地扑向它们。

一些鸟爱吃腐肉，一遇到它们，我就躺在地上装死。鸟以为我是食物，飞过来啄我，我猛地蹿起来，一下就把它抓住了。

警惕性很高

除了头脑聪明，我的嗅觉和听觉也很灵敏，敌人离我很远时，我就能发现危险，然后立即逃离。如果我的儿女被发现了，我会立即搬家，找一个安全的新住所。

老虎说：

狐狸确实很聪明，曾经"狐假虎威"欺骗过我的祖先。不过，它要是遇到我，我一定让它"好看"，让它知道我们老虎的厉害。

动物小档案

名称：貉
体长：约 0.6 米
分类：哺乳纲—食肉目—犬科
栖息地：亚洲、欧洲丛林
食物：鸟类、鼠类、鱼、水果等
天敌：狼、猞猁等

貉

狼、貉在争论谁更团结，狐狸在说自己聪明，场面看起来很热闹。我虽然和它们都是亲戚，但很不一样，甚至显得有些另类。

有哪些大不同

我长得比较小，和狐狸差不多大，但身材没有那么苗条，有些肥胖，整个轮廓倒有几分像浣熊。更悲哀的是，我还是小短腿，跑起来没有一点儿优势。

冬天的时候，亲戚们常要冒着严寒外出捕猎。而我则躲在洞穴里睡大觉，就像冬眠一样。当然，我也不是一睡不醒，如果天气暖和一点儿，也会出来活动。

如何克服劣势

我虽然没有狼、狐狸跑得快，但却学会了爬树和游泳。如果地上找不到食物，我就可以爬到树上掏鸟窝，或者下到水里捕捉鱼、虾、螃蟹和青蛙等。

老虎说：

貉长得肥嘟嘟的，看起来很好吃的样子。不过，它很会躲藏，不轻易露面，爬树、游泳本领又比我强，所以我抓它很不容易。

松鼠

动物小档案

- 名称：松鼠
- 体长：0.2~0.3 米
- 分类：哺乳纲—啮齿目—松鼠科
- 栖息地：亚洲、欧洲丛林
- 食物：橡子、栗子、松子等
- 天敌：狼、猞猁等

那些吃肉的大家伙实在太凶残了，我才不和它们为伍呢！算了，不说它们了，我还是抓紧时间搜集美味的果仁，不然冬天的时候就要饿肚子了。

我每天都在做什么？

每天一多半时间，我都在睡大觉，睡眠时间很长。醒过来后我总是在松树、橡树上忙碌，寻找各种干果和种子。

采松子是我的拿手好戏，不管松树有多高，球果长在哪里，我都能做到"口到食来"。我会爬到树枝上，将球果咬断，等它落地后，再从树上下来，取出松子。

很快，我就找到了一大堆食物，然后把它们储藏在树洞或地洞里，还用泥土、落叶堵住洞口。有时，为了不让食物发霉，我还会把食物拿出来晒一晒。

老虎说：

松鼠有那么多食物，吃喝不愁，想吃啥就吃啥。可怜的我，这大冬天的，还要外出寻找食物。唉！当初我要是像松鼠那样，也储藏些食物就好了。

豪猪

动物小档案

名称:豪猪
体长:0.3~0.75 米
分类:哺乳纲—啮齿目—豪猪科
栖息地:亚洲、欧洲、非洲丛林和草原
食物:坚果、嫩枝叶、昆虫等
天敌:渔貂、狮子、美洲虎等

松鼠那家伙每天吃了睡,睡了吃,日子太安逸了,可一遇到危险就"抓瞎"了。哪像我,不管遇到多厉害的敌人都能应对。

对付敌人的"三板斧"

第一招:一遇到敌人,我就把满身的坚硬棘刺竖立起来,还不停地抖动,发出"沙沙"的声响,警告敌人不要靠近我。

第二招:敌人如果无视警告不后退,我就会把棘刺像箭一样射出去,远程攻击敌人。

第三招:如果远程攻击没有命中,我就会转过身,然后倒退撞击敌人,把棘刺插进敌人身体中。

长棘刺也有烦恼

天气寒冷的日子里,我会和同伴们聚在一起,相互取暖。可是,我们不能靠得太近,不然很容易误伤同伴。

老虎说:

豪猪身上那些棘刺又长又硬,就像钢针一样,谁要是被扎了,一定疼得哇哇叫!算了,我还是不招惹它了,到别的地方找吃的吧!

鼯鼠

动物小档案

- 名称：鼯鼠
- 体长：约 0.25 米
- 分类：哺乳纲—啮齿目—鼯鼠科
- 栖息地：亚洲、欧洲、美洲丛林
- 食物：坚果、昆虫和小型鸟类等
- 天敌：狐狸、豺、狼、蛇等

　　豪猪对付敌人的手段是很厉害，但不太高明，总有危险存在。如果换做我，只需要"飞"走就行了，压根儿不会和敌人进行正面冲突。

　　平时，我就很注意安全。我身上的皮毛是褐色的，和树皮的颜色很像，因此没事的时候我就静静地趴在树干上，装作翘起的枯树皮。

　　我的伪装很巧妙，敌人一般发现不了，如果万一被识破了，我还可以不停地向上爬。我爬到非常高的树梢上，敌人很难爬上来，也就无法继续追捕我了。

　　一些敌人的攀爬本领也很强，会对我紧追不舍。这时，我还有一招——"飞遁"。我张开四肢，把宽阔的皮膜展开，然后从树上起跳，就能"飞"到远处，摆脱敌人。

老虎说： 鼯鼠看着也不小，可身上没多少肉，所以我对它没一点儿兴趣。不过，似乎除了它，我还没见过哪只"鼠"会飞呢！

动物小档案

名称：河狸

体长：约 0.5 米

分类：哺乳纲—啮齿目—河狸科

栖息地：亚洲、欧洲丛林

食物：嫩枝、树皮、树根等

天敌：狐狸、熊、狼等

河狸

豪猪、鼯鼠，一个在地上抵挡敌人，一个在空中躲避敌人。我没有它俩的本事，只能把巢建在水里。

为什么要建水坝

我是一个近视眼，又是一个大胖子，在陆地上几乎只能挨揍。但我水性好，很会游泳和潜水，所以我选择在水里建巢穴。

我的巢穴是用枯木搭建的,不那么精致,但很结实,一般的敌人根本攻不破。而且巢穴的入口在水下,敌人也轻易进不来。

有时,雨水少了,河水下降,我的巢穴会失去水面的天然庇护。为了防止这种情况出现,我没事的时候就四处寻找树枝、石块和软泥搭建水坝,让水面保持稳定。

老虎说:

别说,河狸还挺聪明的,把巢穴建在水里,让很多动物都毫无办法。就算是我,虽然会游泳,可在水里也没办法施展本领。

刺猬

动物小档案

- **名称**：刺猬
- **体长**：0.1~0.25 米
- **分类**：哺乳纲—食虫目—猬科
- **栖息地**：欧洲、亚洲北部丛林
- **食物**：蚂蚁、蛙、蜥蜴、水果等
- **天敌**：貂、猫头鹰、狐狸等

和松鼠、鼯鼠相比，我的个头儿一点儿都不小，可就是太胖了，走路非常慢。不过，虽然行动慢，但很少有动物能欺负我，因为我全身都有刺。

身背盔甲去旅行

白天，我一般藏在洞里休息，黄昏后才出来活动。我喜欢吃，经常到很远的地方找吃的。这期间，会有一些敌人盯上我，想要把我吃掉。

一旦感知到危险，我会把背上的几千根尖刺竖起来。这么多尖刺倾斜地立在背上，一根挨着一根，就像盔甲一般保护着我。

看到这身盔甲，一些敌人仍执意发动袭击。我的肚子上没有刺，因而这时我会蜷缩身体，变成一个大刺球，让敌人没办法下手。

没有敌人威胁,我很快就找到了最爱吃的蚂蚁。蚂蚁虽小,但数量多,我只需要把又长又黏的舌头伸进蚂蚁洞,就能饱餐一顿。

老虎说:

大多数时候,我对刺猬也感到无能为力。不过,我听说冬天时,它会一睡不醒,没办法抵挡袭击。看来,我只能等到冬天再抓它了!

动物小档案

名称：臭鼬
体长：0.6米
分类：哺乳纲—食肉目—鼬科
栖息地：北美洲丛林
食物：水果、昆虫、鸟类、蛙类等
天敌：美洲雕鸮、美洲狮等

臭鼬

你觉得谁对付敌人的武器最厉害呢？不是自夸，一旦将我的"臭气弹"拿出来，大部分敌人都会闻风而逃的。

对付敌人的绝招儿

我身上有特殊的黑白颜色，它们就像会讲话一样，警告敌人离我远点儿。如果敌人靠得太近，我就会低下身体，竖起尾巴，用前爪跺地，将警告升级。

如果敌人仍不理睬我的警告，我就要发"大招儿"了。我转过身，把屁股对着敌人，然后喷射"臭气弹"。"臭气弹"非常难闻，敌人一刻也忍受不了，只能立刻离开。

谁能忍受"臭气弹"？

大部分敌人我都能从容应付，只有对美洲雕鸮有些力不从心。那家伙闻不到味儿，一点儿也不怕臭气。所以每次见到它，我都战战兢兢。

老虎说：
真是幸运,我没和臭鼬生活在同一片区域。它那"臭气弹"实在是太臭了,我可受不了。不过要是遇上了,我也不会逃走,因为那有损我的威名。

梅花鹿

动物小档案

名称：梅花鹿
体长：1.25~1.45 米
分类：哺乳纲—偶蹄目—鹿科
栖息地：亚洲东部丛林
食物：各种植物枝叶
天敌：老虎、狼等

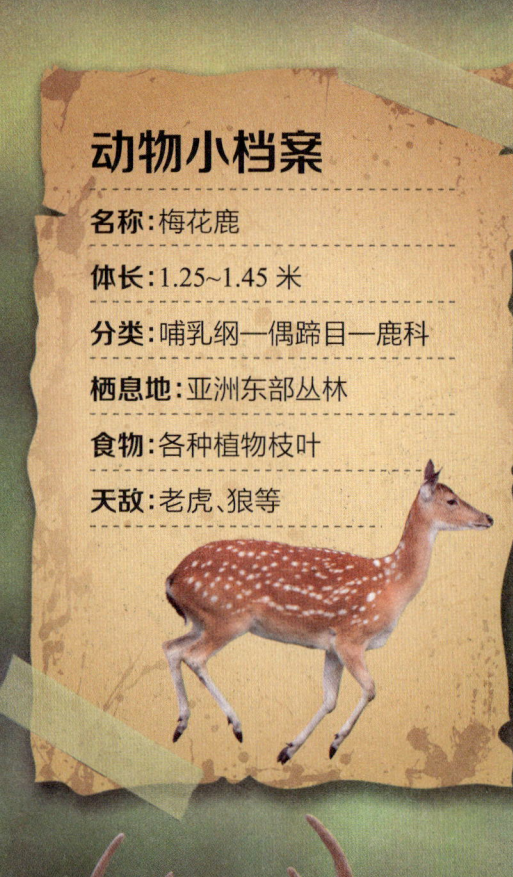

　　我没有刺猬那样的尖刺，也不会像臭鼬那样放"臭气弹"，但我知道如何保护自己，如何对付老虎、狼等猛兽。

　　我身上的白色斑纹是非常好的保护手段。我喜欢在山坡附近活动，那里有很多灌木、茅草，颜色和我的皮毛很相似，因而我藏在里面，敌人很难发现。

　　我总是小心翼翼的，一听见风吹草动，立刻伸长脖子，进入警戒状态。一旦发现敌人，我就赶紧逃跑。如果逃不掉，我会勇敢地同敌人打一架。

我的特点：

性情温顺，行动敏捷；

胆子比较小，容易受惊；

跑跳能力很强，擅长攀登陡坡；

不太合群，经常独自生活。

老虎说：

梅花鹿跑得可真快，我需要伏击才有可能抓住它。还有，它虽然打不过我，可每次都用犄角撞、用蹄子踢，很疼。

貘

动物小档案

名称：貘

体长：约 2 米

分类：哺乳纲—奇蹄目—貘科

栖息地：亚洲、南美洲丛林

食物：嫩枝、树叶、野果等

天敌：老虎、美洲虎等

我真没想到，动物们对付敌人的手段竟这么多，其中有一些太特别了，我学不来。不过，像躲到水里、利用皮毛伪装，我倒是可以做到。

美洲虎追赶我的时候，我就"扑通"一声跳进水里。它虽然会游泳，可是不会潜水，所以拿我没办法。而我不担心被憋死，因为我的长鼻子可以伸出水面。

在岸上时，我总是在植物茂密的地方活动，一是这里有好多吃的，二是这里可以让我隐藏起来，尤其是晚上，借着树枝和夜色的遮挡，敌人根本发现不了我。

除了猛兽，我还有一些小敌人——寄生虫。这些小东西虽然杀不死我，但让我又痛又痒，很不舒服。所以，我常到水里打滚儿，把它们除掉。

老虎说：

和梅花鹿相比，貘跑得不快，好捉多了。不过，我也不能大意，要是让它跑到水里，就很难得手了。

棕熊

动物小档案

名称：棕熊
体长：1.5~2.8米
分类：哺乳纲—食肉目—熊科
栖息地：亚洲、欧洲、北美洲丛林
食物：植物根茎、昆虫、鹿、鱼等
天敌：无

老虎、美洲狮、狼等真是没用,抓捕猎物竟然要费那么大劲儿。如果我出手,猎物一定手到擒来。

我有哪些厉害的装备

爪子：我的爪子又大又长,挥动起来力量十分强大,就连老虎也能一掌拍死。

牙齿：我的嘴巴比较宽,里面有好几十颗强健的牙齿,能轻而易举地咬碎猎物的骨头。

后肢：我平时走路就像散步一样很缓慢,可奔跑时速度快极了,追杀猎物毫不费力。

嗅觉：我的鼻子非常灵敏,大老远就能闻到猎物的气味。

视觉：我的眼睛也很敏锐,猎物就算躲在水底,我也能看得一清二楚。

打斗异常凶猛

我平时是很温和的,很少欺负别的动物,但是谁要是敢挑衅我,比如侵入我的领地、抢夺我的食物,我一定会把它打得屁滚尿流。

老虎说：

棕熊实在不好惹，尤其是那巨大的爪子真是太厉害了，我可不想被它拍一掌。不过，棕熊要是敢挑衅我，我也会和它战斗一场。

浣熊

动物小档案

名称：浣熊
体长：0.4~0.7米
分类：哺乳纲—食肉目—浣熊科
栖息地：北美洲丛林
食物：鱼、两栖类、鸟蛋、昆虫等
天敌：美洲虎、狼、山猫等

别看我的名字里也有一个"熊"字，但我和棕熊可不是亲戚。棕熊那么粗鲁，吃东西一点儿都不注意卫生，哪像我这么讲究。

靠近湖泊、河流的树林是我的家，我和同伴们在这里玩耍、嬉戏，还经常下到水里捕鱼。捕到鱼，我不会立刻吃，而是要先洗干净，我可不想把脏东西也吃进肚子里。

对我来说，捕鱼不是一件太困难的事儿，因为我的爪子很特别，当它伸进水里的时候，就像雷达一样，可以告诉我鱼有多大、藏在什么地方等。

冬天，我会在树洞里睡很长时间，因而要囤积很多"肉肉"。鱼又肥又好吃，能让我长得胖胖的。所以，秋天的时候，除了水果、坚果外，我会吃很多的鱼。

老虎说：

我之前听说浣熊和小熊猫很像，还以为它也是个棕红色的"大皮球"。直到亲眼见到它，我才发现它长得灰不溜秋的，一点儿都不圆滚滚。

狒狒

动物小档案

- **名称**：狒狒
- **体长**：0.5~1.15 米
- **分类**：哺乳纲—灵长目—猴科
- **栖息地**：非洲丛林
- **食物**：嫩枝、果实、昆虫等
- **天敌**：猎豹、狮子等

说到猴，你会想到什么？一群整天待在树上的瘦家伙？其实，猴子家族还有很多不一样的成员，比如我——狒狒。

我就是这么不一样

我看着很笨重，其实动作很敏捷，爬树本领也很强，只不过白天的时候更喜欢在地面活动。不过，为了安全起见，晚上我还是很愿意到树上睡觉的。

猴子上树有时是为了躲避敌人，但我一般不需要。我本身就够强了，还可以呼朋唤友，和大家一起对付敌人。猎豹、狮子虽然很厉害，可也挡不住我们围攻啊！

王位是打出来的

我们对外是很团结的，但对内却有些残酷。我们兄弟谁也不服谁，经常打斗。一番激战后，谁最终胜利了，谁就能坐上王位，享受最好的待遇。

老虎说：

我虽然没见过狒狒，但既然敢群殴狮子，它的实力自然是不弱的。不过，如果是一对一，它肯定打不过狮子，那自然也就不是我的对手。

动物小档案

名称：猩猩
体长：约 1.5 米
分类：哺乳纲—灵长目—猩猩科
栖息地：亚洲南部丛林
食物：水果、嫩叶、鸟蛋等
天敌：老虎

猩猩

和狒狒相比，我可是又大又胖，但身体灵活度一点儿也不差，可以住在树上，也可以在树林间来回穿梭，寻找美味的食物。

自由自在的一天

在妈妈眼里，我是一个小懒虫，每天太阳晒屁股了才慢慢醒来，然后缓缓走出窝，到附近果树上寻找果子和树叶吃。午后，我还会补一觉或做日光浴。

除了妈妈，我还有一些亲人，只是关系不太密切，来往也很少，即使偶然遇到了也是互不理睬。至于我的爸爸，它单独生活，现在也不知道在哪儿呢！

由于家族内部是"一盘散沙"，在遇到危险时，除了妈妈，我基本上只能靠自己。比如，我会双手捶胸，显示实力；还会龇牙咧嘴，发出怒吼吓唬敌人。

老虎说：

猩猩长得那么像人类，有可能也会使用厉害的武器对付我，我还是离它远点儿。不过，如果碰到幼小的猩猩，我也会毫不犹豫地将它吃掉。

长臂猿

动物小档案

名称：长臂猿

体长：约 1 米

分类：哺乳纲—灵长目—长臂猿科

栖息地：亚洲南部丛林

食物：水果、昆虫、鸟蛋等

天敌：巨蟒、云豹、老虎等

猩猩竟然吹嘘自己在树上有多么灵活，真是大言不惭。它要是见到我的身姿，一定会汗颜的，因为我可是真正的"空中杂技演员"。

我也能飞起来

别看我长得小，我的两条手臂可是非常长的，下垂的时候触摸地面毫不费力。因此，我可以双臂垂吊在树枝上，在树林间荡来荡去。

我像荡秋千一样从一棵树跳到另一棵树上，轻松又自在。即使带着孩子，我也能将自己抛出去，一下飞跃 10 多米远，甚至还能在空中抓住正在飞的小鸟。

奇怪的模样

可能因为习惯了树上生活，我一旦来到地面上就显得很不适应，走起路来摇摇晃晃，非常笨拙，两条长臂简直没有地方放，只好高高举起，一副"投降"的怪模样。

老虎说：

长臂猿每次见到我都会躲起来，要是逃不掉就会双手高举，向我投降。它可太天真了，难道这样我就不会吃它了吗？

动物小档案

名称：鼯猴
体长：约 0.4 米
分类：哺乳纲—皮翼目—鼯猴科
栖息地：亚洲南部丛林
食物：嫩叶、花、果实等
天敌：食猿雕等

鼯猴

我的"飞行"能力可比长臂猿强多了，但我从来不炫耀，因为我知道只有要保命的时候，才需要施展这项本领。

我的样子奇怪吗

如果只看样貌，我就像是狐猴和鼯鼠的结合体，除了一副"猴样"，还有类似鼯鼠那样的皮膜，也可以在林间滑翔，只是我的皮膜更大，滑翔得更远。

我是如何度过每一天的？

通常，只有在遇到危险时，我才会"展翅"滑翔几十米。而其他时间，我一般都选择垂吊或趴在树上，因为我的皮毛就像浓密的树枝一样，敌人很难辨别。

白天，我总是静静地待着，一动不动，但并不是因为懒，而是行走时实在有些步履蹒跚。另外，我保持垂吊姿势，也是为了方便晚上的时候在高树间飞跃。

老虎说：

鼯猴实在是太瘦小了，身上没有多少肉，而且总是待在树上，我费力抓它实在划不来。不过，它要是到地面来，我也不介意费点儿力气吃了它。

动物小档案

名称：蝙蝠

体长：0.1~0.4米

分类：哺乳纲—翼手目

栖息地：世界各地丛林等

食物：昆虫、果实、鱼类等

天敌：蛇、蜥蜴等

蝙蝠

在我眼中，不管是长臂猿、鼯鼠还是鼯猴，只是在空中停留时间稍长一些罢了，根本就不会飞，只有我才能像鸟儿一样在空中振翅飞翔。

我能飞上天

我虽然是兽类，但长有翅膀。我的翅膀叫作"翼手"，是由皮膜构成的，又柔软又坚韧。当挥动翅膀的时候，我就能飞上天空，捕捉飞虫。

我喜欢在天气晴朗的傍晚飞出巢穴，寻找食物。如果刚下过大雨，空气很湿或者温度很低，我一般只是低空盘旋一会儿就马上飞回巢穴休息。

我是如何辨别方向的

我的视力不太好,但能用耳朵来"看"。飞行时,我不停地用嘴巴发出声波,当声波反射回来后,我就能知道前面有没有障碍物,需不需要回避。

老虎说:

蝙蝠真是奇特,虽然和我一样都是兽类,但竟然长有翅膀,还会飞。不过,它太小了,没多少肉,我对它没有丝毫兴趣。

动物小档案

名称：猫头鹰

体长：0.2~0.9 米

分类：鸟纲—鸮形目

栖息地：世界各地丛林等

食物：鼠类、昆虫、蜥蜴等

天敌：老鹰、金雕等

猫头鹰

和鸵鸟、鸡等相比，蝙蝠的飞行本领算是很不错的。但如果和我比，它仍然远远不如。我不仅飞得高、飞得快，而且不会发出一点儿响声。

我飞起来悄无声息

白天，光线太强，刺得我睁不开眼。到了晚上，我终于可以睁大眼睛，四处观察了。一旦发现暗处有老鼠活动，我就立刻飞过去，把它抓住。

别看老鼠耳朵很灵敏，可在寂静的深夜，它也发现不了我正飞过来，因为我的翅膀挥动起来几乎没有声音。

我的脖子很灵活

有时候，我不需要转身，只需要动动灵活的脖子，把脑袋转过来，就能看清后面的动静，仿佛眼睛长在脑袋后面。

老虎说： 猫头鹰可真了不起！我听力这么好，可它从我头顶飞过，我竟然一点儿也不知道。幸好，它不会偷袭我，不然我就要遭殃了。

听说在北极地区，我的亲戚雪鸮大白天也可以出来活动和捕猎。这真是难以想象啊！

动物小档案

名称：巨嘴鸟
体长：约0.6米
分类：鸟纲—䴕形目—巨嘴鸟科
栖息地：南美洲热带丛林
食物：果实、昆虫、蜥蜴等
天敌：老鹰、游隼等

巨嘴鸟

论飞行能力，我肯定是比不过猫头鹰的。不过，有一点我肯定比猫头鹰强，那就是我有一张超级巨大的嘴。

我的嘴有多大呢？它差不多有我身长的一小半了。不过，这张嘴看起来很大，但一点儿也不重，不影响飞行，因为它的外面是一层薄薄的壳，里面是空的。

睡觉的时候，大嘴很不方便。我住在树洞里，里面比较小，没有多余的空间放我的大嘴。没办法，我只能转过头，把大嘴放在背上或者伸出洞去。

我的嘴巴实在太长了，如果食物经过嘴巴再吞下，那饱餐一顿要花很长时间。为了节省时间，我总是用嘴尖把食物啄住，然后向上抛，再张开嘴，让食物直接落进喉咙。

老虎说：

巨嘴鸟的嘴竟然有这么大，谁要是被啄了，肯定特别疼。还是离它远一些，我可不想被它的大嘴啄一下。

啄木鸟

动物小档案

- **名称**：啄木鸟
- **体长**：0.1~0.4米
- **分类**：鸟纲—䴕形目—啄木鸟科
- **栖息地**：除大洋洲外的各地丛林
- **食物**：昆虫、种子、果实等
- **天敌**：老鹰、雕、蛇等

巨嘴鸟的嘴虽然大，但中看不中用，哪像我，凭借一张尖嘴成为有名的"丛林医生"。

我为什么每天啄个不停

每天一大早，我就开始在丛林里四处飞，为大树们做"身体检查"。我在树干上用尖嘴左敲敲、右敲敲，听听里面有没有虫子，虫子藏在哪里。

如果发现虫子，我就用尖嘴不停地在树上凿，凿出一个小洞，然后将细长的舌头伸进去，将小虫子拽出来吃掉。

我每天这样啄呀啄，一年下来啄了无数个洞。这些洞有的是捉虫子时留下的，有的是哺育孩子的育婴室，有的是我的新家，用处都不一样。

老虎说：

啄木鸟每天这样敲击树干好几百下，也不怕得脑震荡。我试着撞了一下树干，撞得我头晕眼花。难道它的头比我的还硬，不怕撞？

鹦鹉

动物小档案

名称：鹦鹉
体长：0.1~1 米
分类：鸟纲—鹦形目—鹦鹉科
栖息地：低地热带森林
食物：果实、种子、花粉、昆虫等
天敌：鹰、隼、猴子等

如果比嘴大，我的嘴不如巨嘴鸟的；如果比嘴尖，我的嘴比不上啄木鸟的。但要比谁的嘴更巧，我一定胜过它们俩。

我的嘴有什么用

用处一：保持平衡。在树干上行走，我把嘴插进树干中，让身体保持平衡，加快前进速度。

用处二：咬住树枝。我的嘴尖就像弯钩一样，可以咬住树枝，向树冠攀援。

用处三：撬开果壳。吃坚果时，我用爪子抓住坚果，再用尖嘴撬开果壳，取出种子。

"口技"本领

我有一项厉害的"口技"本领。早晨，我在树林里找吃的，顺便听听别的动物是怎么叫的。时间一长，我竟学会了它们的叫声。

会说话的亲戚

我听说，一些亲戚和人类生活在一起，还会像人那样说话。真是太神奇了！

老虎说： 别看鹦鹉会说很多"外语"，其实它根本不懂其中的意思。不信的话，我说一句老虎语，看它知不知道我在说什么。